KB065372

단끝

단끝

전기기능사 · 전기전공 기초

초보전기 Ⅰ

왕초보자를 위한 기초이론

정용걸 편저

저자직강 24강

입문서

단숨에 끝내는
기초이론

무료
동영상 강의
QR코드 수록

전기분야
최다 조회수
100만 뷰

박문각

전기는 오늘날 모든 분야에서 경제 발달의 원동력이 되고 있습니다. 특히 컴퓨터와 반도체 기술 등의 발전과 동시에 전기를 이용하는 기술이 진보함에 따라 정보화 사회, 고도산업 사회가 진전될수록 전기는 인류문화를 창조해 나가는 주역으로 그 중요성을 더해 가고 있습니다.

뿐만 아니라 전기는 우리의 일상생활에 있어서도 쓰이지 않는 곳을 찾아보기 힘들 정도로 생활과 밀접한 관계가 있고, 국민의 생명과 재산을 보호하는 데에도 보이지 않는 곳에서 큰 역할을 하고 있습니다. 한마디로 현대사회에 있어 전기는 우리의 생활에서 의·식·주와 같은 필수적인 존재가 되었고, 앞으로 그 쓰임새는 더욱 많아질 것이 확실합니다.

이러한 시대의 흐름과 더불어 전기분야에 대한 관심은 매우 높아졌지만, 쉽게 입문하는 것에 대한 두려움이 함께 존재하는 것도 사실입니다. 이는 초보자에게는 전기가 이해하기 쉽지 않은 난해한 학문이라는 사실 때문입니다.

이 책은 전기 분야에 처음 입문하려는 초보자들을 고려하여, 전기기능사 시험과목 중 제일 어려운 과목의 기초인 '초보이론'으로 유튜브채널 "전기왕정원장"의 '초보전기Ⅰ: 초보이론' 무료 강의와 2012년~2016년 전기이론 과년도 문제풀이 동영상이 홈페이지에 있으므로 필요하신 분은 시청하시기 바랍니다.

'초보전기Ⅰ: 초보이론'을 보시면 쉽고 빠르게 전기에 대한 지식을 쌓고 자격증 취득에 도전할 수 있도록 구성하였습니다.

아무쪼록 이 책을 통하여 수험생들이 전기기능사 합격의 기쁨을 누릴 수 있기를 바라며, 전기계열의 종사자로써 이 사회의 훌륭한 전기인이 되기를 기원합니다.

저자 정용걸

동영상 교육사이트

무지개평생교육원 http://www.mukoom.com
유튜브채널 '전기왕정원장'

01　전기기능사 필기 합격 공부방법

1　초보이론 무료강의

전기기능사의 기초가 부족한 수험생이 필수로 숙지를 하셔야 중도에 포기하지 않고 전기기능사 취득을 하실 수 있습니다.

2　전기이론

전기기능사 필기 시험과목 중 난이도가 제일 높은 과목으로 20문항 중 10문항 득점을 목표로 공부

3　전기기기

전기기능사 필기 시험과목 중 난이도가 중간 정도 과목으로 20문항 중 12문항 득점을 목표로 공부

4　전기설비

전기기능사 필기 시험과목 중 난이도가 제일 낮은 과목으로 20문항 중 17문항 득점을 목표로 공부

초보이론 I 무료동영상 시청방법

유튜브 '전기왕정원장' 검색 → 재생목록 → 초보전기 I :
전기기능사·전기전공의 기초를 클릭하셔서 시청하시기 바랍니다.

GUIDE
필기 합격 공부방법

02 확실한 합격을 위한 출발선

1 전기기능사 · 전기전공 기초

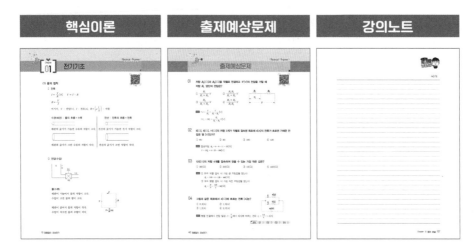

핵심이론	출제예상문제	강의노트

수험생들이 전기이론, 전기기기, 전기설비 등의 과목 때문에 힘들어하는 모습을 보면서 전기기능사 자격증을 취득하는 데 도움을 주기 위해 출간된 도서입니다. 전기기초인 전기이론, 전기기기, 전기설비 등 어려운 과목들에서 수험생들이 힘들어 하는 내용을 압축하여 단계적으로 학습할 수 있도록 구성하였습니다.
핵심이론과 출제예상문제를 통해 학습하고, 강의를 수강하면서 강의노트를 100% 활용한다면, 기초를 보다 쉽게 정복할 수 있을 것입니다.

2 강의 이용 방법

☑ QR코드 리더 모바일 앱 설치 → 설치한 앱을 열고 모바일로 QR코드 스캔
　→ 클립보드 복사 → 링크 열기 → 동영상강의 시청

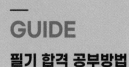
03 무지개꿈원격평생교육원에서만 누릴 수 있는 무료강좌 서비스 보는 방법

1 인터넷 브라우저 주소창에서 [www.mukoom.com]을 입력하여 [무지개꿈원격평생교육
원]에 접속합니다.

2 [회원가입]을 클릭하여 [무꿈 회원]으로 가입합니다.

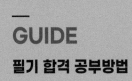
3 [무료강의]를 클릭하면 [무료강의] 창이 뜹니다. [무료강의] 창에서 수강하고 싶은 무료
강좌 및 기출문제 풀이 무료 동영상강의를 수강합니다.

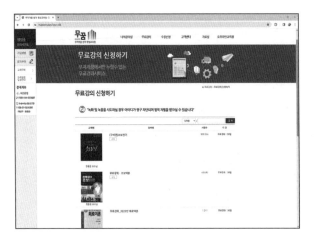

CONTENTS
이 책의 **차례**

초보전기 I

CONTENTS
이 책의 **차례**

I

초보전기

¤ 전기기능사 기초
¤ 전기전공 기초

▴1강

QR코드로 강의재생이 원활하지 않을 경우 박문각
홈페이지(pmg.co.kr)에서 강의를 들을 수 있습니다.

▲ 2강

(1) 옴의 법칙

① 전류

$$I = \frac{V}{R} \, [\text{A}] \qquad V = I \cdot R$$

$$R = \frac{V}{I}$$

여기서, V : 전압[V], I : 전류[A], $R = \left(\rho \frac{l}{A} \right)$: 저항

수관(배관) : 물의 흐름 = 수류	전선 : 전류의 흐름 = 전류

배관의 굵기가 가늘면 수류의 저항이 크다.	전선의 굵기가 가늘면 전기 저항이 크다.

배관의 굵기가 크면 수류의 저항이 작다.	전선의 굵기가 크면 저항이 작다.

② 전압(수압)

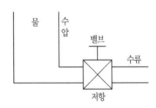

물(수류)

배관이 가늘어서 물의 저항이 크다.
수압이 크면 물의 량이 크다.

배관이 굵어서 물의 저항이 작다.
수압이 작으면 물의 수량이 작다.

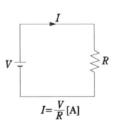

$$I = \frac{V}{R} \, [\text{A}]$$

(2) 전압원의 직렬연결과 병렬연결

① 직렬연결

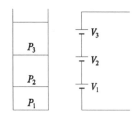

수압 : $P = P_1 + P_2 + P_3$

전압 : $V = V_1 + V_2 + V_3$

② 병렬연결

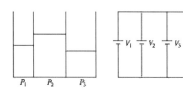

$P = P_1 = P_2 = P_3$

$V = V_1 = V_2 = V_3$

(3) 저항(배관)의 직렬 · 병렬연결

① 배관의 직렬연결 : 수류일정

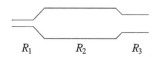

② 저항의 직렬연결 : 전류일정

③ 배관의 병렬연결

배관의 병렬연결에서 물(수류)이 나누어 흐른다.

④ 저항의 병렬연결

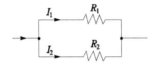

저항의 병렬연결에서 전류는 나누어 흐른다.

(4) 총정리

① 저항의 직렬연결(전류일정 : 전압분배)

$$(R = R_1 + R_2 [\Omega])$$

$$\left(I = \frac{V}{R} = \frac{V}{R_1 + R_2} [A]\right)$$

$$V_1 = \frac{R_1}{R_1 + R_2} \times V$$

$$V_2 = \frac{R_2}{R_1 + R_2} \times V$$

② 저항의 병렬연결(전압일정 : 전류분배)

$$\frac{1}{R} = \frac{1}{R_1} + \frac{1}{R_2}$$

$$R = \frac{R_1 \cdot R_2}{R_1 + R_2} [\Omega]$$

$$\left(V = R \cdot I = \frac{R_1 \cdot R_2}{R_1 + R_2} \cdot I [V]\right)$$

$$I_1 = \frac{R_2}{R_1 + R_2} \times I$$

$$I_2 = \frac{R_1}{R_1 + R_2} \times I$$

. . . .
NOTE

▲ 3강

01 저항 $R_1[\Omega]$과 $R_2[\Omega]$을 직렬로 연결하고 $V[V]$의 전압을 가할 때 저항 R_1 양단의 전압은?

① $\dfrac{R_1}{R_1+R_2}V$　　② $\dfrac{R_1R_2}{R_1+R_2}V$

③ $\dfrac{R_2}{R_1+R_2}V$　　④ $\dfrac{R_1+R_2}{R_1R_2}V$

해설　• $I=\dfrac{V}{R_T}=\dfrac{V}{R_1+R_2}[V]$　　• $V_1=IR_1=\dfrac{R_1}{R_1+R_2}V[V]$

02 8[Ω], 6[Ω], 11[Ω]의 저항 3개가 직렬로 접속된 회로에 4[A]의 전류가 흐르면 가해준 전압은 몇 [V]인가?

① 60　　　　② 80　　　　③ 100　　　　④ 120

해설　합성저항 $R_0=8+6+11=25[\Omega]$
$V=IR_0=4\times25=100[V]$

03 120[Ω]의 저항 4개를 접속하여 얻을 수 있는 가장 작은 값은?

① 30[Ω]　　② 50[Ω]　　③ 12[Ω]　　④ 420[Ω]

해설　① 모두 직렬 접속 시 가장 큰 저항값을 얻는다.
$R_0=NR=4\times120=480[\Omega]$
② 모두 병렬 접속 시 가장 작은 저항값을 얻는다.
$R_0=\dfrac{R}{N}=\dfrac{120}{4}=30[\Omega]$

04 그림과 같은 회로에서 4[Ω]에 흐르는 전류 [A]는?

① 0.8[A]　　② 1.0[A]
③ 1.2[A]　　④ 2.0[A]

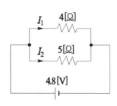

해설　병렬 연결에서 전압 일정 $I=\dfrac{V}{R}$에서 4[A]에 흐르는 전류 $I_1=\dfrac{4.8}{4}=1.2[A]$

정답　**01** ①　**02** ③　**03** ①　**04** ③

. . . .
NOTE

05 그림의 회로에서 I_1[A]은?

① 4   ② 3

③ 2   ④ 1

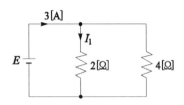

해설 $I_1 = \dfrac{R_2}{R_1 + R_2} \times I = \dfrac{4}{2+4} \times 3 = 2[A]$

06 그림에서 전류 I_1[A]는?

① $I + I_2$

② $\dfrac{R_2}{R_1 + R_2} I$

③ $\dfrac{R_1}{R_1 + R_2} I$

④ $\dfrac{R_1 + R_2}{R_2} I$

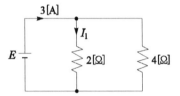

해설 $I_1 = \dfrac{R_2}{R_1 + R_2} \cdot I[A]$

$I_2 = \dfrac{R_1}{R_1 + R_2} \cdot I[A]$

병렬회로의 전류 분배는 각 저항에 반비례한다.

07 10[Ω]과 15[Ω]의 병렬회로에서 10[Ω]에 흐르는 전류가 3[A]이라면 전체 전류[A]는?

① 2   ② 3   ③ 4   ④ 5

해설 저항 10[Ω]에 흐르는 전압 $V_{10} = IR = 3 \times 10 = 30[V]$

병렬회로이므로 저항 15[Ω]에도 30[V]가 인가된다.

$I_{15} = \dfrac{V}{R} = \dfrac{30}{15} = 2[A]$

$\therefore I_0 = I_{10} + I_{15} = 3 + 2 = 5[A]$ [답] ④

[별해]

$I_1 = \dfrac{R_2}{R_1 + R_2} \times I$에서 $I = \dfrac{R_1 + R_2}{R_2} \times I_1 = \dfrac{10+15}{15} \times 3 = 5[A]$

정답 **05** ③ **06** ② **07** ④

. . . .
NOTE

02 용어

CHAPTER

▲ 4강

(1) 전기도체 (electric conductor)

전기도체는 자유전자가 많아서 아주 작은 외부 전압으로도 전류의 흐름이 용이한 물질을 말한다.

(2) 반도체 (semiconductor)

반도체는 Ge, Si, Se 등과 같은 물질로써 전기도체에 비해 비교적 자유전자 수가 적으므로 전류를 흘리는 능력이 떨어지는 물체를 말한다.

(3) 부도체 (insulator)

부도체는 자유전자의 수가 매우 적어 거의 전류가 흐르지 않는 물질로서 일명 절연체(insulator)라고도 하며 주로 고무, 플라스틱, 유리 등의 재료로서 전기절연을 목적으로 사용된다.

(4) 전하량(전기량) : $Q = ne = It = CV[\text{C}]$

① 전하량 : 전하가 갖는 전기의 총량

② 전자가 갖는 총 전하량 $Q =$ 전자의 개수 $\times -1.602 \times 10^{-19}[\text{C}]$

(5) 전류(Current) : $I = \dfrac{V}{R} = \dfrac{Q}{t}[\text{A}]$

① 전류 : 단위 시간 동안에 도체 회로의 한 단면을 통과하는 전하량

② 도체의 어느 단면을 $Q[\text{C}]$의 전하가 t초 동안에 이동되었다면 전류 I는 다음 식으로 나타낸다. $I = \dfrac{Q}{t}[\text{C/s}]$

③ 이동하는 전하량이 시간에 따라 변화한다면 전류도 시간에 따라 변화하므로 $dt[\text{s}]$ 시간 동안에 전하량이 $dq(C)$만큼 변화되었다면 전류 $i(t)$는 $i(t) = \dfrac{dq}{dt}[\text{A}]$

(6) 전압(Voltage) : $V[\text{V}]$

① 전압 : 두 점간의 에너지 차

② $V = \dfrac{W[\text{J}]}{Q[\text{C}]}[\text{V}]$ 또는 $W = QV[\text{J}]$

즉, 1[C]의 전하를 한 곳에서 다른 곳으로 이동시키는데 1[J]의 에너지가 소모되었다면 두 점간의 전압(전위차)는 1[V]가 된다.

. . . .
NOTE

(7) 전력 : P[W]

① **전력** : 일을 하기 위해 사용된 에너지를 전기적으로 표현한 것으로서 단위시간 동안에 사용된 전기에너지의 양으로 정의한다.

② 도선에 흐르는 전류가 $t(s)$ 동안에 $W[J]$의 일을 행하였다면 전력 $P[W]$는 다음 식으로 표현된다.

$$P = \frac{W}{t} = VI = I^2 R = \frac{V^2}{R}\ [W]$$

(8) 전력량: W[J]

전력을 일정시간 사용하였을 때의 총 사용 에너지(energy)

$$W = P \cdot t = VI \cdot t = I^2 R t = \frac{V^2}{R} t [J]$$

(9) 열량: H[cal]

전력에 의한 에너지를 열량으로 환산하면 다음과 같다.

$$H = 0.24 W = 0.24 VIt = 0.24 I^2 R t = 0.24 \frac{V^2}{R} t [cal]$$

02 CHAPTER 출제예상문제

▲ 5강

01 1 [Ah]는 몇 [C]인가?

① 60
② 120
③ 3600
④ 7200

해설 $Q = I \cdot t [A \cdot sec] = [C]$
$Q = 1[A] \times 3600[sec] = 3600[C]$

02 어떤 도체를 t초 동안에 $Q[C]$의 전기량이 이동하면 이때 흐르는 전류 I는?

① $I = Q \cdot t$
② $I = \dfrac{1}{Qt}$
③ $I = \dfrac{t}{Q}$
④ $I = \dfrac{Q}{t}$

해설 $Q = I \cdot t$에서 $I = \dfrac{Q}{t}[c/s] = [A]$

03 어떤 도체의 단면을 30분 동안에 5400[C]의 전기량의 이동했다고 하면 전류의 크기는 몇 [A]인가?

① 1
② 2
③ 3
④ 4

해설 $I = \dfrac{Q}{t} = \dfrac{5400}{30 \times 60} = 3[A]$

04 50[V]를 가하여 30[C]을 3초 걸려서 이동시켰다. 이 때의 전력은?

① 1.5[kW]
② 1[kW]
③ 0.5[kW]
④ 0.498[kW]

해설 전력 $P = VI = V \times \dfrac{Q}{t} = 50 \times \dfrac{30}{3} = 500[W] = 0.5[kw]$

05 10[kΩ] 저항의 허용 전력은 10[kW]라 한다. 이 때의 허용 전류는 몇 [A]인가?

① 100
② 10
③ 1
④ 0.1

해설 $P = I^2 R[W]$ $\therefore I = \sqrt{\dfrac{P}{R}} = \sqrt{\dfrac{10 \times 10^3}{10 \times 10^3}} = 1[A]$

정답 | **01** ③ **02** ④ **03** ③ **04** ③ **05** ③

06 20[A]의 전류를 흘렸을 때의 전력이 60[W]인 저항이 30[A]를 흘렸을 때의 전력[W]은 얼마인가?

① 80[W] ② 90[W]
③ 120[W] ④ 135[W]

> **해설** $P = I^2 R$[W]에서, 저항 $R = \dfrac{P}{I^2} = \dfrac{60}{20^2} = 0.15[\Omega]$
>
> 0.15[Ω]의 저항에 30[A]의 전류를 흘리면 전력은 $P = I^2 R = 30^2 \times 0.15 = 135$[W]

07 1[W]와 같은 것은?

① 1[J] ② 1[J/sec]
③ 1[cal] ④ 1[cal/sec]

> **해설** 1[W] = 1[J/sec]

08 1[J]과 같은 것은 다음 중 어느 것인가?

① 1[cal] ② 1[W · sec]
③ 1[kg · m] ④ 1[N · m]

> **해설** • 전력의 단위는 [J/s] 또는 [W], 전력량의 단위는 [W] × 시간[s]
> • [J/s] × [s] = [J] 또는 [W] × [s] = [W · s]
> ∴ 1[J] = 1[W · s]

09 1[J]은 몇 [cal]인가?

① 860 ② 0.00024
③ 4.18605 ④ 0.24

> **해설** 1[cal] = 4.186[J], 1[J] = 0.24[cal], 1[kWh] = 860[kcal]

. . . .
NOTE

10 줄(Joule)의 법칙에서 발열량 계산식을 옳게 표시한 것은 어느 것인가?

(단, I : 전류[A], R : 저항[Ω], t : 시간[sec]이다.)

① $H = 0.24I^2R$
② $H = 0.024I^2Rt$
③ $H = 0.024I^2R^2$
④ $H = 0.24I^2Rt$

해설 $H = 0.24I^2Rt$[cal]

11 100[V]의 전압에서 5[A]의 전류가 흐르는 전기 다리미를 1시간 사용했을 때 발생되는 열량[kcal]은?

① 약 260
② 약 430
③ 약 860
④ 약 940

해설 $H = 0.24I^2Rt = 0.24VIt = 0.24 \times 100 \times 5 \times 3600 \times 10^{-3} = 432$[kcal]

12 어떤 저항에 100[V]의 전압을 가하였더니 3[A]의 전류가 흐르고 360[cal]의 열량이 생겼다. 전류가 흐른 시간은 몇 초인가?

① 5초
② 10초
③ 6.5초
④ 13초

해설 $H = 0.24Pt = 0.24VIt$[cal]

$\therefore t = \dfrac{H}{0.24VI} = \dfrac{360}{0.24 \times 100 \times 3} = 5$[sec]

13 전류의 열작용과 관계가 있는 것은 어느 것인가?

① 키르히호프의 법칙
② 주울의 법칙
③ 플레밍의 법칙
④ 전류의 옴의 법칙

해설 저항 R[Ω]에서 전류 I[A]의 전류를 t[sec]동안 흘렀을 때 발생한 열을 줄열이라고 한다.

$H = I^2Rt$[J]

정답 **10** ④ **11** ② **12** ① **13** ②

교류 기초 정리

▲ 6강

(1) R만의 회로

$$Z = R = R\angle 0°[\Omega]$$

$$Y = \frac{1}{Z} = \frac{1}{R}[℧] \quad (\frac{1}{R} = G : 컨덕턴스)$$

$$v = i \cdot R \ (V = I \cdot R)[V]$$

$$i = \frac{v}{R} \ \left(I = \frac{V}{R}\right)[A]$$

$$W = P \cdot t = VIt = I^2Rt = \frac{V^2}{R}t[J]$$

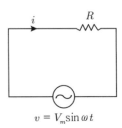

i R

$v = V_m\sin\omega t$

(2) L만의 회로

$$Z = j\omega L = \omega L\angle 90°[\Omega] \quad (X_L = \omega L : 유도성\ 리액턴스)$$

$$Y = \frac{1}{Z} = \frac{1}{j\omega L} = -j\frac{1}{\omega L} = -jB[℧](B : 유도\ 서셉턴스)$$

$$v = L\frac{di}{dt}[V] \qquad i = \frac{1}{L}\int v\,dt[A]$$

자기 축적에너지 $W = \frac{1}{2}LI^2[J]$

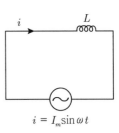

i L

$i = I_m\sin\omega t$

(3) C만의 회로

$$Z = \frac{1}{j\omega C} = -j\frac{1}{\omega C} = \frac{1}{\omega C}\angle -90°[\Omega] \ (X_C = \frac{1}{\omega C}[\Omega] : 용량성\ 리액턴스)$$

$$Y = \frac{1}{Z} = j\omega C = jB[℧] \ (B : 용량\ 서셉턴스)$$

$$v = \frac{1}{C}\int i\,dt[V] \qquad i = C\frac{dv}{dt}[A]$$

정전에너지 : $W = \frac{1}{2}CV^2[J]$

$(\omega : 각주파수 \cdot 각속도)$

$$\omega = 2\pi f \ [rad/s]$$

$$T = \frac{1}{f} \ [sec]$$

$(f[Hz] : 주파수, \ T = \frac{1}{f}[sec] : 주기)$

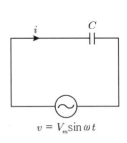

i C

$v = V_m\sin\omega t$

. . . .
NOTE

03 출제예상문제

CHAPTER

01 50[Hz]의 각속도 [rad/sec]는?

① 577 ② 314

③ 277 ④ 155

해설 각속도 $\omega=2\pi f$[rad/sec]

$\omega=2\pi\times50=100\pi=314$[rad/sec]$(\because \pi=3.14)$

02 $e=100\sin\left(377t-\dfrac{\pi}{6}\right)$[V]인 파형의 주파수는 몇 [Hz]인가?

① 50 ② 60 ③ 90 ④ 100

해설 각속도 $\omega=2\pi f$[rad/sec], $\omega=377$

$f=\dfrac{\omega}{2\pi}=\dfrac{377}{2\pi}=60$[Hz]

03 용량 리액턴스와 반비례하는 것은?

① 주파수 ② 저항 ③ 임피던스 ④ 전압

해설 용량 리액턴스 $X_c=\dfrac{1}{\omega C}=\dfrac{1}{2\pi fC}$[Ω], 즉 용량 리액턴스와 주파수는 반비례한다.

04 주파수 1[MHz], 리액턴스 150[Ω]인 회로의 인덕턴스는 몇 [μH]인가?

① 24 ② 20 ③ 10 ④ 5

해설 $X_L=\omega L=2\pi fL$

$L=\dfrac{X_L}{2\pi f}=\dfrac{150}{2\pi\times1\times10^6}\fallingdotseq23.87\times10^{-6}$[H]$\fallingdotseq23.87$[μF]

05 콘덴서의 정전 용량이 10[μF]의 60[Hz]에 대한 용량 리액턴스[Ω]는?

① 164 ② 209 ③ 265 ④ 377

해설 용량 리액턴스 $X_c=\dfrac{1}{\omega C}=\dfrac{1}{2\pi fC}=\dfrac{1}{2\times\pi\times60\times10\times10^{-6}}=265$[Ω]

정답 01 ② 02 ② 03 ① 04 ① 05 ③

NOTE

06 100[mH]의 인덕턴스를 가진 회로에 50[Hz], 1000[V]의 교류 전압을 인가할 때 흐르는 전류[A]는?

① 0.00318　　　　② 0.0318　　　　③ 0.318　　　　④ 31.8

해설 $X_L = 2\pi f L[\Omega]$

$$I = \frac{V}{X_L} = \frac{V}{2\pi f L} = \frac{1000}{2 \times 3.14 \times 50 \times 100 \times 10^{-3}} = 31.8[A]가 된다.$$

07 5[μF]의 콘덴서를 1000[V]로 충전하면 축적되는 에너지는 몇[J]인가?

① 2.5　　　　② 4　　　　③ 1　　　　④ 10

해설 축적되는 에너지 $W = \frac{1}{2}CV^2$

$$W = \frac{1}{2} \times 5 \times 10^{-6} \times 1000^2 = 2.5[J]$$

08 백열전구를 점등했을 경우 전압과 전류의 위상관계는?

① 전류가 90° 앞선다.　　　　② 전류가 90° 뒤진다.
③ 전류가 45° 앞선다.　　　　④ 위상이 같다.

해설 백열전구의 경우 저항만 존재하므로 전압과 전류의 위상차가 없다.

09 L만의 회로에서 전압, 전류의 위상 관계는?

① 전류가 전압보다 90° 앞선다.　　　　② 동상이다.
③ 전압이 전류보다 90° 뒤진다.　　　　④ 전압이 전류보다 90° 앞선다.

해설 L만의 회로에서는 전압이 전류보다 90° 앞선다.

10 C만의 회로에서 전압, 전류의 위상 관계는?

① 동상이다.　　　　② 전압이 전류보다 90° 앞선다.
③ 전압이 전류보다 90° 뒤진다.　　　　④ 전류가 전압보다 90° 뒤진다.

해설 C만의 회로에서는 전류가 전압보다 90° 앞선다.

정답 **06** ④　**07** ①　**08** ④　**09** ④　**10** ③

저항

저 항 : 전류의 흐름을 방해하는 전기적인 양을 말한다.

MKS 단위로는 오옴(Ohm 기호[Ω])을 사용한다.

$$R = \frac{V}{I}[\Omega], \qquad G = \frac{1}{R}[℧][S]$$

(1) 옴의 법칙(Ohm's law)

"전류는 전압에 비례하고 저항에 반비례한다" 는 것이 옴의 법칙으로서, 전압(V), 전류(I), 저항(R)의 관계는 다음 식으로 된다.

$$I = \frac{V}{R}[A]$$

(2) 저항의 접속

① 직렬연결(전류 일정, 전압 분배)

$$R_0 = R_1 + R_2$$

$$I = \frac{V}{R_0} = \frac{V}{R_1 + R_2}[A]$$

$$V_1 = R_1 \cdot I = \frac{R_1}{R_1 + R_2}V[V]$$

$$V_2 = R_2 \cdot I = \frac{R_2}{R_1 + R_2}V[V]$$

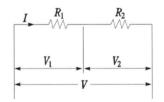

② 병렬연결(전압 일정, 전류 분배)

$$R_0 = \frac{R_1 \cdot R_2}{R_1 + R_2}$$

$$V = I \cdot R_0 = I \cdot \frac{R_1 \cdot R_2}{R_1 + R_2}$$

$$I_1 = \frac{V}{R_1} = \frac{1}{R_1} \cdot \frac{R_1 \cdot R_2}{R_1 + R_2}I = \frac{R_2}{R_1 + R_2}I[A]$$

$$I_2 = \frac{V}{R_2} = \frac{1}{R_2} \cdot \frac{R_1 \cdot R_2}{R_1 + R_2}I = \frac{R_1}{R_1 + R_2}I[A]$$

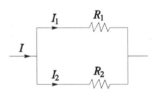

(3) 콘덕턴스의 접속

① 직렬

$$G_0 = \frac{G_1 \cdot G_2}{G_1 + G_2}$$

$$V_1 = \frac{G_2}{G_1 + G_2}\, V\,[\text{V}]$$

$$V_2 = \frac{G_1}{G_1 + G_2}\, V\,[\text{V}]$$

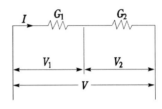

② 병렬

$$G_0 = G_1 + G_2$$

$$I_1 = \frac{G_1}{G_1 + G_2}\, I\,[\text{A}]$$

$$I_2 = \frac{G_2}{G_1 + G_2}\, I\,[\text{A}]$$

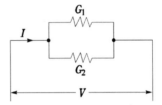

▲ 9강

01 저항 $R_1[\Omega]$과 $R_2[\Omega]$을 직렬로 연결하고 $V[V]$의 전압을 가할 때 저항 R_1 양단의 전압은?

① $\dfrac{R_1}{R_1+R_2}V$

② $\dfrac{R_1 R_2}{R_1+R_2}V$

③ $\dfrac{R_2}{R_1+R_2}V$

④ $\dfrac{R_1+R_2}{R_1 R_2}V$

해설 • $I = \dfrac{V}{R_T} = \dfrac{V}{R_1+R_2}[V]$

• $V_1 = IR_1 = \dfrac{R_1}{R_1+R_2}V[V]$

02 8[Ω], 6[Ω], 11[Ω]의 저항 3개가 직렬로 접속된 회로에 4[A]의 전류가 흐르면 가해준 전압은 몇 [V]인가?

① 60　　　　② 80　　　　③ 100　　　　④ 120

해설 합성저항 $R_0 = 8+6+11 = 25[\Omega]$

$V = IR_0 = 4 \times 25 = 100[V]$

03 120[Ω]의 저항 4개를 접속하여 얻을 수 있는 가장 작은 값은?

① 30[Ω]　　　② 50[Ω]　　　③ 12[Ω]　　　④ 420[Ω]

해설 ① 모두 직렬 접속 시 가장 큰 저항값을 얻는다.

$R_0 = NR = 4 \times 120 = 480[\Omega]$

② 모두 병렬 접속 시 가장 작은 저항값을 얻는다.

$R_0 = \dfrac{R}{N} = \dfrac{120}{4} = 30[\Omega]$

04 그림과 같은 회로에서 4[Ω]에 흐르는 전류 [A]는?

① 0.8[A]　　　② 1.0[A]

③ 1.2[A]　　　④ 2.0[A]

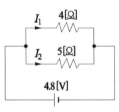

해설 병렬 연결에서 전압 일정 $I = \dfrac{V}{R}$에서 4[A]에 흐르는 전류 $I_1 = \dfrac{4.8}{4} = 1.2[A]$

정답 **01** ①　**02** ③　**03** ①　**04** ③

05 그림의 회로에서 I_1[A]은?

① 4 ② 3
③ 2 ④ 1

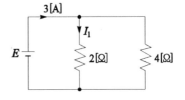

해설 $I_1 = \dfrac{R_2}{R_1+R_2}\times I = \dfrac{4}{2+4}\times 3 = 2[A]$

06 그림에서 전류 I_1[A]는?

① $I+I_2$
② $\dfrac{R_2}{R_1+R_2}I$
③ $\dfrac{R_1}{R_1+R_2}I$
④ $\dfrac{R_1+R_2}{R_2}I$

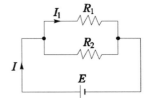

해설 $I_1 = \dfrac{R_2}{R_1+R_2}\cdot I[A]$

$I_2 = \dfrac{R_1}{R_1+R_2}\cdot I[A]$

병렬회로의 전류 분배는 각 저항에 반비례한다.

07 10[Ω]과 15[Ω]의 병렬회로에서 10[Ω]에 흐르는 전류가 3[A]이라면 전체 전류[A]는?

① 2 ② 3
③ 4 ④ 5

해설 저항 10[Ω]에 흐르는 전압 $V_{10} = IR = 3\times 10 = 30[V]$
병렬회로이므로 저항 15[Ω]에도 30[V]가 인가된다.

$I_{15} = \dfrac{V}{R} = \dfrac{30}{15} = 2[A]$

$\therefore I_0 = I_{10}+I_{15} = 3+2 = 5[A]$

[별해]

$I_1 = \dfrac{R_2}{R_1+R_2}\times I$에서 $I = \dfrac{R_1+R_2}{R_2}\times I_1 = \dfrac{10+15}{15}\times 3 = 5[A]$

. . . .
NOTE

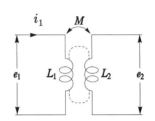

$$e_1 = -L_1 \frac{di_1}{dt}$$

$$e_2 = -M \frac{di_1}{dt}$$: 2차 측에서는 L 대신 M이 사용된다.

$$M = k\sqrt{L_1 L_2}$$

여기서, L_1, L_2 : 자기 인덕턴스, M : 상호 인덕턴스

k : 결합계수

(1차측에 쇄교된 자속이 2차측에 얼마만큼 수용되었는지를 나타내는 계수)

(1) 인덕턴스의 직렬연결

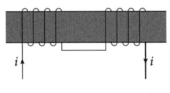

(가동 결합)

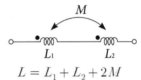

$$L = L_1 + L_2 + 2M$$

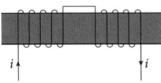

(차동 결합)

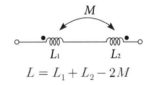

$$L = L_1 + L_2 - 2M$$

$$L = L_1 + L_2 \pm 2M = L_1 + L_2 \pm 2k\sqrt{L_1 \cdot L_2}$$

$$(\because M = k\sqrt{L_1 \cdot L_2})$$

⊕ 가동 결합 • 이 같은 방향

⊖ 차동 결합 • 이 다른 방향

(2) 인덕턴스의 병렬연결

인덕턴스의 병렬 가동결합

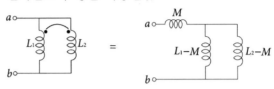

인덕턴스의 병렬 차동결합

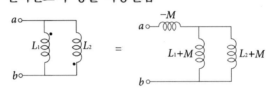

합성 인덕턴스

$$L_0 = M + \frac{(L_1 - M) \cdot (L_2 - M)}{(L_1 - M) + (L_2 - M)}$$

$$= M + \frac{L_1 L_2 - M(L_1 + L_2) + M^2}{L_1 + L_2 - 2M}$$

$$= \frac{M(L_1 + L_2) - 2M^2 + L_1 L_2 - M(L_1 + L_2) + M^2}{L_1 + L_2 - 2M}$$

$$= \frac{L_1 L_2 - M^2}{L_1 + L_2 - 2M} [\text{H}]$$

(3) L에 축척되는 에너지

$$W = \frac{1}{2} L I^2 [\text{J}]$$

▲11강

01 어떤 코일에 전류가 0.2초 동안에 2[A] 변화하여 기전력이 4[V] 유기되었다면 이 회로의 자체 인덕턴스는 몇 [H]인가?

① 0.4 　　② 0.2 　　③ 0.3 　　④ 0.1

해설 $e = \left| -L\dfrac{di}{dt} \right|$

$e = L\dfrac{di}{dt}$

$L = \dfrac{dt \times e}{di} = \dfrac{0.2 \times 4}{2} = 0.4[H]$

02 상호 인덕턴스 200[μH]인 회로의 1차 코일에 3[A]의 전류가 3[sec] 동안에 15[A]로 변화하였다면 2차 회로에 유기되는 기전력[V]은?

① 40 　　② 40×10^{-4} 　　③ 80 　　④ 8×10^{-4}

해설 상호 인덕턴스에 의한 전자유도법칙의 유도기전력

$e_2 = \left| -M\dfrac{di_1}{dt} \right| = 200 \times 10^{-6} \times \dfrac{15-3}{3} = 8 \times 10^{-4}[V]$가 된다.

03 자체 인덕턴스 20[mH]와 80[mH]인 두 개의 코일이 있다. 양 코일 사이에 누설 자속이 없다고 하면 상호 인덕턴스는 몇 [mH]인가?

① 1600 　　② 160 　　③ 400 　　④ 40

해설 누설자속이 없다면 $k=1$

∴ $M = \sqrt{L_1 L_2} = \sqrt{20 \times 80} = 40[mH]$

04 0.25[H]와 0.23[H]의 자체 인덕턴스를 직렬로 접속할 때 합성 인덕턴스의 최대 값은?

① 1.2[H] 　　② 0.96[H] 　　③ 0.48[H] 　　④ 0.24[H]

해설 $M = \sqrt{L_1 L_2}$ (∵ 최대값이 되려면 $k=1$)

$L_0 = L_1 + L_2 + 2\sqrt{L_1 L_2} = 0.25 + 0.23 + 2\sqrt{0.25 \times 0.23} ≒ 0.96[H]$

. . . .
NOTE

05 자체 인덕턴스가 L_1, L_2 상호 인덕턴스 M인 코일이 자기적으로 결합을 했을 때 합성 인덕턴스는?

① $L_1 + L_2 + M$ ② $L_1 + L_2 - M$

③ $L_1 + L_2 \pm M$ ④ $L_1 + L_2 \pm 2M$

해설 $L_0 = L_1 + L_2 \pm 2M$
- 가동결합 : $L_0 = L_1 + L_2 + 2M$
- 차동결합 : $L_0 = L_1 + L_2 - 2M$

06 동일한 인덕턴스 L[H]인 두 코일을 같은 방향으로 감고 직렬 연결했을 때의 합성 인덕턴스는? (단, 두 코일의 결합 계수가 1이다.)

① L ② $2L$ ③ $3L$ ④ $4L$

해설 $L_0 = L_1 + L_2 + 2k\sqrt{L_1 L_2} = L + L + 2\sqrt{L \cdot L} = 4L$

07 L[H]의 코일에 I[A]의 전류가 흐를 때 저축되는 에너지는 몇 [J]인가?

① LI ② $\frac{1}{2}LI$ ③ LI^2 ④ $\frac{1}{2}LI^2$

해설 코일에 축적되는 에너지
$$W = \frac{VI}{2} \cdot t = \frac{1}{2}L\frac{I}{t} \cdot I \cdot t = \frac{1}{2}LI^2[\text{J}]$$

08 0.1[H]인 자체 인덕턴스 L에 5[A]의 전류가 흐를 때 L에 축적되는 에너지는 몇 [J]인가?

① 4.5   ② 2.56   ③ 1.25   ④ 3.52

해설 $W = \frac{1}{2}LI^2 = \frac{1}{2}\times 0.1 \times 5^2 = 1.25[\text{J}]$

정답 05 ④ 06 ④ 07 ④ 08 ③

06 정전용량 $\left(C = \dfrac{Q}{V}\right)$

CHAPTER

(1) 콘덴서의 직렬연결

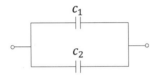

- 저항의 병렬결선과 동일 방법
- $C_0 = \dfrac{C_1 C_2}{C_1 + C_2}$

(2) 콘덴서의 병렬연결

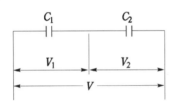

- $C_0 = C_1 + C_2$
- 저항의 직렬결선과 동일 방법

(3) 콘덴서 직렬연결 시 전압의 분배법칙

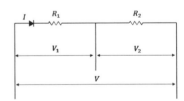

각각의 콘덴서의 걸리는 전압

$$V_1 = \dfrac{\dfrac{1}{C_1}}{\dfrac{1}{C_1} + \dfrac{1}{C_2}} \times V = \dfrac{C_2}{C_1 + C_2} \times V$$

$$V_2 = \dfrac{\dfrac{1}{C_2}}{\dfrac{1}{C_1} + \dfrac{1}{C_2}} \times V = \dfrac{C_1}{C_1 + C_2} \times V$$

각각의 저항의 걸리는 전압

$$V_1 = \dfrac{R_1}{R_1 + R_2} \times V$$

$$V_1 = \dfrac{R_2}{R_1 + R_2} \times V$$

(4) 콘덴서에 축적되는 에너지

- $W = \dfrac{1}{2} C V^2$

$$= \dfrac{Q^2}{2C} = \dfrac{1}{2} Q V [\text{J}]$$

. . . .
NOTE

▲ 13강

01 정전용량에 가장 적합한 것은?

① $C = QV$

② $Q = CV$

③ $V = CQ$

④ $C = PV$

02 1[V]의 전압을 가하여 1[C]의 전하를 축적하는 콘덴서의 정전용량은?

① 1[F]

② 1[V/m]

③ 1[C/m²]

④ 1[N]

해설 $Q = CV$[C]에서 $C[F] = \dfrac{Q[C]}{V[V]}$

1[F]은 1[V]의 전압을 가하여 1[C]의 전하가 축적되는 경우의 정전용량이다.

03 정전용량 4[μF]의 콘덴서에 1000[V]의 전압을 가할 때 축적되는 전하는 얼마인가?

① 2×10^{-3}[C]

② 3×10^{-3}[C]

③ 4×10^{-3}[C]

④ 5×10^{-3}[C]

해설 $Q = CV = 4 \times 10^{-6} \times 1000 = 4 \times 10^{-3}$[C]

04 그림에서 ab간의 합성정전용량 C_0는?

① $C_0 = \dfrac{C_1 C_2}{C_1 + C_2}$

② $C_0 = \dfrac{C_1 + C_2}{C_1 C_2}$

③ $C_0 = C_1 + C_2$

④ $C_0 = \dfrac{C_1 + C_2}{C_1}$

05 2[μF], 3[μF], 4[μF]의 콘덴서를 3개를 병렬로 연결할 때 합성정전용량[μF]은?

① 0.7

② 9

③ 1.5

④ 12

해설 $C_0 = C_1 + C_2 + C_3 = 2 + 3 + 4 = 9[\mu F]$

정답 **01** ② **02** ① **03** ③ **04** ① **05** ②

. . . .
NOTE

06 그림과 같이 접속된 회로에서 콘덴서의 합성용량은?

① $C_1 + C_2$
② $C_1 C_2$
③ $\dfrac{C_1 C_2}{C_1 + C_2}$
④ $\dfrac{1}{C_1 + C_2}$

07 그림에서 콘덴서의 합성정전용량은 얼마인가?

① C
② $2C$
③ $3C$
④ $4C$

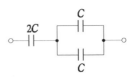

해설 병렬 회로의 합성용량은 $2C$

따라서 전체 합성용량은 $C_0 = \dfrac{2C \cdot 2C}{2C + 2C} = C$

08 A–B 사이 콘덴서의 합성정전용량은 얼마인가?

① $1C$
② $1.2C$
③ $2C$
④ $2.4C$

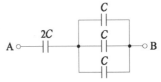

해설 병렬회로의 합성용량은 $3C$

따라서, 전체 합성용량은 $C_0 = \dfrac{2C \times 3C}{2C + 3C} = 1.2C$

09 콘덴서를 그림과 같이 접속했을 때 C_x의 정전용량은?
(단, $C_1 = 2[\mu F]$, $C_2 = 3[\mu F]$, ab간의 합성정전용량 $C_0 = 3.4[\mu F]$ 이다.)

① $0.2[\mu F]$
② $1.2[\mu F]$
③ $2.2[\mu F]$
④ $3.2[\mu F]$

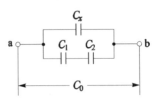

해설 C_x와 C_1, C_2는 병렬

$C_0 = C_x + \dfrac{C_1 \cdot C_2}{C_1 + C_2}$

$\therefore C_x = C_0 - \dfrac{C_1 \cdot C_2}{C_1 + C_2} = 3.4 - \dfrac{2 \times 3}{2 + 3} = 2.2[\mu F]$

정답 06 ① 07 ① 08 ② 09 ③

10   C_1과 C_2의 직렬회로에서 V[V]의 전압을 가할 때 C_1에 걸리는 전압 V_1은?

① $\dfrac{C_1}{C_1 + C_2}\,V$ ② $\dfrac{C_1 + C_2}{C_1}\,V$

③ $\dfrac{C_2}{C_1 + C_2}\,V$ ④ $\dfrac{C_1 + C_2}{C_2}\,V$

해설 $V_1 = \dfrac{C_2}{C_1 + C_2}\,V$

11   4[μF]와 6[μF] 콘덴서를 직렬로 접속하고 100[V]의 전압을 가했을 경우 6[μF]의 콘덴서에 걸리는 단자 전압 [V]은?

① 40[V]   ② 60[V]   ③ 80[V]   ④ 100[V]

해설 $V_2 = \dfrac{C_1}{C_1 + C_2}\,V = \dfrac{4}{4+6} \times 100 = 40\,[\text{V}]$

12   어떤 콘덴서에 V[V]의 전압을 가해서 Q[C]의 전하를 충전할 때 저장되는 에너지[J]는?

① $2QV$ ② $\dfrac{1}{2}QV^2$ ③ $2QV^2$ ④ $\dfrac{1}{2}QV$

해설 $W = \dfrac{1}{2}QV = \dfrac{1}{2}CV^2 = \dfrac{Q^2}{2C}\,[\text{J}]$

13   20[μF]의 콘덴서를 2[kV]로 충전하면 저장되는 에너지[J]는?

① 10   ② 20   ③ 40   ④ 60

해설 $W = \dfrac{1}{2}QV = \dfrac{1}{2}CV^2 = \dfrac{1}{2} \times 20 \times 10^{-6} \times (2 \times 10^3)^2 = 40\,[\text{J}]$

정답   10 ③   11 ①   12 ④   13 ③

. . . .
NOTE

14 어떤 콘덴서를 300[V]로 충전하는데 9[J]의 전력량이 필요하였다. 이 콘덴서의 정전용량은 얼마인가?

① 0.2[μF]   ② 2[μF]

③ 20[μF]   ④ 200[μF]

해설 $W = \dfrac{1}{2}CV^2$

$$\therefore\ C = \frac{2W}{V^2} = \frac{2 \times 9 \times 10^6}{300^2} = 200[\mu\text{F}]$$

15 정전 콘덴서의 전위차와 축적된 에너지와의 관계식을 나타내는 선은 어느 것인가?

① 직선   ② 포물선

③ 타원   ④ 쌍곡선

해설 $W = \dfrac{1}{2}CV^2$ 에너지는 전압의 제곱에 비례

정답   14 ④   15 ②

복소수 계산

▲ 14강

(1) $Z_1 = 3 + j4$ (직각좌표계)

$$= \sqrt{실수^2 + 허수^2} \angle \tan^{-1}\frac{허수}{실수}$$

$$= \sqrt{3^2 + 4^2} \angle \tan^{-1}\frac{4}{3}$$

$$= 5\angle 53.13° \text{ (극좌표)} \quad \Rightarrow 곱셈(\times), 나눗셈(\div)에서 주로 사용$$

$$= 5(\cos 53.13° + j\sin 53.13°) \quad (삼각함수 좌표)$$

$$= 3 + j4$$

$$\Rightarrow 덧셈(+), 뺄셈(-)에서 주로 사용$$

(2) $Z_2 = 3 - j4$ (직각좌표계)

$$= \sqrt{실수^2 + 허수^2} \angle \tan^{-1}\frac{허수}{실수}$$

$$= \sqrt{3^2 + 4^2} \angle \tan^{-1}\frac{-4}{3}$$

$$= 5\angle -53.13° \text{ (극좌표)}$$

$$\Rightarrow 곱셈(\times), 나눗셈(\div)에서 주로 사용$$

$$= 5(\cos 53.13° - j\sin 53.13°) \text{ (삼각함수 좌표)}$$

$$= 3 - j4$$

$$\Rightarrow 덧셈(+), 뺄셈(-)에서 주로 사용$$

(3) $R - L$ 직렬회로

▲ 15강

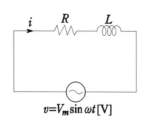

$$v = V_m \sin\omega t \,[\text{V}]$$

$$Z = R + j\omega L = \sqrt{R^2 + (\omega L)^2} \angle \tan^{-1}\frac{\omega L}{R}$$

(4) $R-C$ 직렬회로

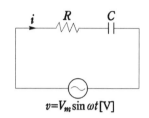
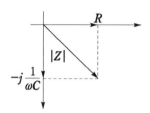

$$Z = R - j\frac{1}{\omega C} = \sqrt{R^2 + \left(\frac{1}{\omega C}\right)^2} \angle -\tan^{-1}\frac{1}{R\omega C}$$

(5) $R-L-C$ 직렬회로

① $\omega L > \dfrac{1}{\omega C} \rightarrow 1$ 상한

② $\omega L < \dfrac{1}{\omega C} \rightarrow 4$ 상한

③ $\omega L = \dfrac{1}{\omega C}$

㉠ $\omega L > \dfrac{1}{\omega C}$

$$Z = R + j\left(\omega L - \frac{1}{\omega C}\right)$$

$$= \sqrt{R^2 + \left(\omega L - \frac{1}{\omega C}\right)^2} \angle \tan^{-1}\frac{\omega L - \frac{1}{\omega C}}{R}$$

㉡ $\omega L < \dfrac{1}{\omega C}$

$$Z = R - j\left(\frac{1}{\omega C} - \omega L\right)$$

$$= \sqrt{R^2 + \left(\frac{1}{\omega C} - \omega L\right)^2} \angle -\tan^{-1}\frac{\frac{1}{\omega C} - \omega L}{R}$$

· · · ·
NOTE

▲16강

(6) $R-L$ 병렬회로

$$Y = Y_1 + Y_2 = \frac{1}{R} - j\frac{1}{\omega L}$$

$$= \sqrt{\left(\frac{1}{R}\right)^2 + \left(\frac{1}{\omega L}\right)^2} \angle -\tan^{-1}\frac{R}{\omega L}$$

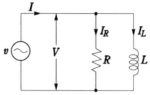

(7) $R-C$ 병렬회로

$$Y = Y_1 + Y_2$$

$$= \frac{1}{R} + \frac{1}{\dfrac{1}{j\omega C}} = \frac{1}{R} + j\omega C$$

$$Y = \sqrt{\left(\frac{1}{R}\right)^2 + (\omega C)^2} \angle \tan^{-1} R\omega C$$

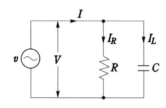

(8) $R-L-C$ 병렬회로

$$Y = Y_1 + Y_2 + Y_3$$

$$= \frac{1}{R} - j\frac{1}{\omega L} + j\omega C$$

$$= \frac{1}{R} + j\left(\omega C - \frac{1}{\omega L}\right)$$

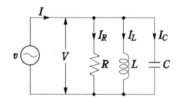

▲17강

01 저항 R과 유도 리액턴스 X_L을 직렬 접속할 때 임피던스는 얼마인가?

① $R + X_L$

② $\sqrt{R + X_L}$

③ $R^2 + X_L^2$

④ $\sqrt{R^2 + X_L^2}$

해설 $Z = \sqrt{R^2 + X_L^2} = \sqrt{R^2 + (\omega L)^2}$

02 $R - C$ 직렬 회로의 합성 임피던스 크기는?

① $\sqrt{R^2 + \dfrac{1}{\omega^2 C}}$

② $\sqrt{R^2 + \dfrac{1}{\omega C^2}}$

③ $\sqrt{R^2 + \dfrac{1}{\omega C}}$

④ $\sqrt{R^2 + \dfrac{1}{\omega^2 C^2}}$

해설 $Z = \sqrt{R^2 + X_c^2} = \sqrt{R^2 + \left(\dfrac{1}{\omega C}\right)^2} = \sqrt{R^2 + \dfrac{1}{\omega^2 C^2}}$

03 $R = 3[\Omega]$, $\omega L = 8[\Omega]$, $\dfrac{1}{\omega C} = 4[\Omega]$의 RLC 직렬회로의 임피던스 $[\Omega]$는?

① 5

② 7

③ 12.4

④ 15

해설 $Z = \sqrt{R^2 + (X_L - X_c)^2} = \sqrt{3^2 + (8-4)^2} = 5[\Omega]$

04 어떤 회로에 $E = 50[V]$의 교류 전압을 가하면 $I = 8 + j6[A]$의 전류가 흐른다. 이 회로의 임피던스는?

① $4 + j3[A]$

② $4 - j3[A]$

③ $3 - j4[A]$

④ $3 + j4[A]$

해설 $Z = \dfrac{V}{I} = \dfrac{50}{8 + j6} = \dfrac{50(8 - j6)}{(8 + j6)(8 - j6)} = \dfrac{400 - j300}{8^2 + 6^2} = 4 - j3[\Omega]$

정답 **01** ④ **02** ④ **03** ① **04** ②

. . . .
NOTE

05 그림과 같은 회로에서 벡터 어드미턴스 $Y[\mho]$는?

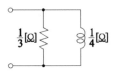

① $3 - j4$　　　　　　　　② $4 + j3$

③ $3 + j4$　　　　　　　　④ $5 - j4$

해설 $Y = \dfrac{1}{R} + \dfrac{1}{jX_L} = 3 - j4[\mho]$

06 그림과 같은 회로의 합성 어드미턴스는 몇 $[\mho]$인가?

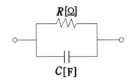

① $\dfrac{1}{R}(1 + j\omega CR)$　　　　　② $j\dfrac{R}{\omega CR - 1}$

③ $R - j\dfrac{1}{\omega C}$　　　　　　④ $\dfrac{1}{R} - j\dfrac{1}{\omega C}$

해설 $Y = \dfrac{1}{R} + j\omega C = \dfrac{1}{R}(1 + j\omega CR)[\mho]$

07 $R = 25[\Omega]$, $X_L = 5[\Omega]$, $X_C = 10[\Omega]$을 병렬로 접속한 회로의 어드미턴스 $Y[\mho]$는?

① $4 - j0.1[\text{A}]$　　　　　　② $4 + j0.1[\text{A}]$

③ $0.04 + j0.1[\text{A}]$　　　　　④ $0.04 - j0.1[\text{A}]$

해설 $Y_0 = \dfrac{1}{R} + j\dfrac{1}{jX_L} + \dfrac{1}{-jX_C} = \dfrac{1}{25} - j\dfrac{1}{5} + j\dfrac{1}{10} = 0.04 - j0.1[\mho]$

08 어드미턴스 $Y = a + jb$에서 b는?

① 저항이다.　　　　　　　② 컨덕턴스이다.

③ 리액턴스이다.　　　　　④ 서셉턴스(susceptance)이다.

해설 $Y = a + jb$에서 a는 컨덕턴스, b는 서셉턴스이다.

정답　**05** ①　**06** ①　**07** ④　**08** ④

08 CHAPTER

진공중의 정전계 및 정자계

▲ 18강

1 쿨롱의 법칙

(1) 정전계

$$F = \frac{Q_1 Q_2}{4\pi\epsilon_0 r^2}[\text{N}] = 9\times10^9 \times \frac{Q_1 Q_2}{r^2}$$

진공의 유전율 $\epsilon_0 = 8.855\times10^{-12}[\text{F/m}]$

$\epsilon = \epsilon_0 \epsilon_s$

(ϵ_s : 비유전율) 진공 또는 공기일 때 $\epsilon_s = 1$

(2) 정자계

$$F = \frac{m_1 m_2}{4\pi\mu_0 r^2}[\text{N}] = 6.33\times10^4 \times \frac{m_1 m_2}{r^2}$$

진공의 투자율 $\mu_0 = 4\pi\times10^{-7}[\text{H/m}]$

$\mu = \mu_0 \mu_s$

(μ_s : 비투자율) 진공 또는 공기일 때 $\mu_s = 1$

2 전(자)계의 세기

(1) 전계의 세기

단위 점전하 +1[C]에 작용하는 힘

① 점전하

• $E = \dfrac{Q \cdot 1}{4\pi\epsilon_0 r^2} = \dfrac{Q}{4\pi\epsilon_0 r^2}[\text{V/m}]$

• $E = \dfrac{F}{Q}[\text{N/C}], \quad F = QE[\text{N}]$

(2) 자계의 세기

자계 내의 임의의 점에 단위 정자하 +1[Wb]를 놓았을 때 작용하는 힘

단위 : 정자극 +1[Wb]에 작용하는 힘

① 점자하

- $H = \dfrac{m \cdot 1}{4\pi\mu_0 r^2} = \dfrac{m}{4\pi\mu_0 r^2}$ [AT/m], [A/m] $= 6.33 \times 10^4 \times \dfrac{m}{r^2}$

- $H = \dfrac{F}{m}$ [N/Wb]　　　$F = mH$ [N]

3 전(자)위

(1) 전위(점전하)

$$V = -\int_{\infty}^{r} E\,dx = E \cdot r = \frac{Q}{4\pi\epsilon_0 r}\ [\mathrm{V}]$$

(2) 자위(점자하)

$$U = -\int_{\infty}^{r} H\,dx = H \cdot r = \frac{m}{4\pi\mu_0 r}\ [\mathrm{AT}]$$

4 전(자)속밀도

(1) 전속밀도

$$D = \frac{Q}{S} = \frac{Q}{4\pi r^2} \times \frac{\epsilon_0}{\epsilon_0} = \epsilon_0 E\,[\mathrm{C/m^2}]$$

(2) 자속밀도

$$B = \frac{m}{S} = \frac{m}{4\pi r^2} \times \frac{\mu_0}{\mu_0} = \mu_0 H\,[\mathrm{Wb/m^2}]$$

5 전(자)기력선 수

(1) 전기력선수 $= \dfrac{Q}{\epsilon_0}$

전속수 $= Q$

(2) 자기력선수 $= \dfrac{m}{\mu_0}$

자속선수 $= m$

08 출제예상문제

CHAPTER

▲ 19강

01 1[C]의 전하량을 갖는 두 점전하가 공기 중에 1[m] 떨어져 놓여 있을 때 점전하 사이에 작용하는 힘은 몇 [N]인가?

① 1
② 3×10^9
③ 9×10^9
④ 10^{-5}

해설 $F = \dfrac{Q_1 Q_2}{4\pi\epsilon r^2} = 9 \times 10^9 \times \dfrac{Q^2}{r^2} = 9 \times 10^9 \times \dfrac{1}{1} = 9 \times 10^9 [\text{N}]$

02 진공 중에 2×10^{-5}[C] 과 1×10^{-6} [C]인 두 개의 점전하가 50[cm] 떨어져 있을 때 두 전하 사이에 작용하는 힘은 몇 [N]인가?

① 0.72
② 0.92
③ 1.82
④ 2.02

해설 $F = \dfrac{Q_1 Q_2}{4\pi\epsilon_0 r^2} = 9 \times 10^9 \times \dfrac{2 \times 10^{-5} \times 1 \times 10^{-6}}{0.5^2} = 0.72 [\text{N}]$

03 공기 중에서 가상 접지극 m_1, m_2[Wb]를 r[m] 떼어 놓았을 때 두 자극 간의 작용력이 F[N]이었다면 이때의 거리 r[m]는?

① $\sqrt{\dfrac{m_1 m_2}{F}}$
② $\dfrac{6.33 \times 10^4 m_1 m_2}{F}$
③ $\sqrt{\dfrac{6.33 \times 10^4 \times m_1 m_2}{F}}$
④ $\sqrt{\dfrac{9 \times 10^9 \times m_1 m_2}{F}}$

해설 $F = \dfrac{m_1 m_2}{4\pi\mu_0 r^2} = 6.33 \times 10^4 \times \dfrac{m_1 m_2}{r^2}$

$r = \sqrt{\dfrac{6.33 \times 10^4 \times m_1 m_2}{F}}$

04 전장의 세기가 100 [V/m]의 전장에 5[μC]의 전하를 놓을 때 작용하는 힘 [N]은?

① 5×10^{-4}
② 5×10^{-6}
③ 20×10^{-4}
④ 20×10^{-6}

해설 $F = QE = 5 \times 10^{-6} \times 100 = 5 \times 10^{-4} [\text{N}]$

정답 **01** ③ **02** ① **03** ③ **04** ①

05 자장의 세기가 H[AT/m]인 곳에 m[Wb]의 자극을 놓았을 때 작용하는 힘이 F[N]라 하면 어떤 식이 성립되는가?

① $F=\dfrac{H}{m}$ 　　　　　　　　② $F=mH$

③ $F=\dfrac{m}{H}$ 　　　　　　　　④ $F=6.33\times10^4\,mH$

해설 힘과 자계의 세기는 다음과 같은 관계식을 갖는다.
$$F=mH$$

06 진공 중 놓인 1 [μC]의 점전하에서 3[m] 되는 점의 전계 [V/m]는?

① 10^{-3} 　　　② 10^{-1} 　　　③ 10^2 　　　④ 10^3

해설 $E=\dfrac{Q}{4\pi\epsilon_0 r^2}=9\times10^9\times\dfrac{10^{-6}}{3^2}=10^3[\text{V/m}]$

07 자극의 크기 $m=4$[Wb]의 점자극으로부터 $r=4$[m] 떨어진 점의 자계의 세기[A/m]를 구하면?

① 7.9×10^3 　　　　　　　　② 6.3×10^4

③ 1.6×10^4 　　　　　　　　④ 1.3×10^3

해설 $H=\dfrac{m}{4\pi\mu_0 r^2}=6.33\times10^4\times\dfrac{4}{4^2}=1.6\times10^4[\text{AT/m}]$

08 공기 중 7×10^{-9}[C]의 전하에서 70 [cm] 떨어진 점의 전위 [V]는?

① 9 　　　② 54 　　　③ 90 　　　④ 540

해설 $V=\dfrac{Q}{4\pi\epsilon_0 r}=9\times10^9\times\dfrac{Q}{r}=9\times10^9\times\dfrac{7\times10^{-9}}{70\times10^{-2}}=90[\text{V}]$

정답　**05** ②　**06** ④　**07** ③　**08** ③

09 자계의 세기가 1,000[AT/m]이고 자속 밀도가 0.5 [Wb/m2]인 경우 투자율[H/m]은?

① 5×10^{-5}　　② 5×10^{-2}　　③ 5×10^{-3}　　④ 5×10^{-4}

해설 자속밀도 $B = \mu H \,[\text{Wb/m}^2]$

투자율 $\mu = \dfrac{B}{H} = \dfrac{0.5}{1,000} = 5 \times 10^{-4}\,[\text{H/m}]$

10 진공 중에서 4π[Wb]의 자하로부터 발산되는 총 자력선의 수는?

① 4π　　② 10^7　　③ $4\pi \times 10^7$　　④ $\dfrac{10^7}{4\pi}$

해설 자력선수 $= \dfrac{m}{\mu_0} = \dfrac{4\pi}{4\pi \times 10^{-7}} = 10^7$

11 유전율 ϵ의 유전체 내에 있는 전하 Q[C]에서 나오는 전기력 선수는 어떻게 되는가?

① $\dfrac{Q}{F}$　　② $\dfrac{Q}{\epsilon_s}$　　③ $\dfrac{Q}{V}$　　④ $\dfrac{Q}{\epsilon}$

해설 전속수 $= Q$

전기력선수 $= \dfrac{Q}{\epsilon}$

09 유전체와 자성체

CHAPTER

▲ 20강

1 전기저항, 자기저항

(1) 전기저항(R)

① $R = \rho \dfrac{l}{S} = \dfrac{l}{k \cdot S}$ k : 도전율

② $R = \dfrac{V}{I}$

(2) 자기저항(R_m)

① $R_m = \dfrac{l}{\mu S} [\text{AT/Wb}]$

② $R_m = \dfrac{F}{\phi} = \dfrac{NI}{\phi} [\text{AT/Wb}]$

2 전류와 자속

(1) 전류 $I = \dfrac{V}{R}$

(2) 자속 $\phi = \dfrac{F}{R_m} = \dfrac{NI}{\dfrac{l}{\mu S}} = \dfrac{\mu S N I}{l} [\text{Wb}]$

3 단위 체적당 에너지, 단위 면적당 힘

(1) 단위 체적당 에너지(정전계)

$$w = \frac{1}{2}\epsilon E^2 = \frac{D^2}{2\epsilon} = \frac{1}{2}ED [\text{J/m}^3]$$

$$f = \frac{1}{2}\epsilon E^2 = \frac{D^2}{2\epsilon} = \frac{1}{2}ED [\text{N/m}^2]$$

(2) 단위 체적당 에너지(정자계)

$$w = \frac{1}{2}\mu H^2 = \frac{B^2}{2\mu} = \frac{1}{2}HB [\text{J/m}^3]$$

$$f = \frac{1}{2}\mu H^2 = \frac{B^2}{2\mu} = \frac{1}{2}HB [\text{N/m}^2]$$

. . . .
NOTE

▲ 21강

01 고유저항 ρ, 길이 l, 지름 D인 전선의 저항은?

① $\rho \cdot \dfrac{4l}{\pi D^2}$

② $\rho \cdot \dfrac{2l}{\pi D^2}$

③ $\rho \cdot \dfrac{l}{2\pi D^2}$

④ $\rho \cdot \dfrac{l}{\pi D^2}$

해설 지름이 D[m]인 전선의 단면적 $A = \pi \left(\dfrac{D}{2}\right)^2 = \dfrac{\pi D^2}{4}$

$$\therefore R = \rho \frac{l}{A} = \rho \frac{l}{\pi D^2/4} = \rho \cdot \frac{4l}{\pi D^2} [\Omega]$$

02 1[Ω · m]와 같은 것은?

① 1[μΩ · cm]

② 10^6[Ω · mm^2/m]

③ 10^2[Ω · mm^2]

④ 10^4[Ω · cm]

해설 고유 저항의 단위 1[Ω · m] = 1[Ω · m^2/m] = 1[Ω · (10^3 mm)^2/m] = 1×10^6[Ω · mm^2/m]

03 굵기 4[mm], 길이 1[km]의 경동선의 전기저항은?

(단, 경동선의 고유 저항 ρ는 1 / 55[Ω · mm^2/m] 이다.)

① 1.2[Ω]　　　　② 1.4[Ω]　　　　③ 1.6[Ω]　　　　④ 1.8[Ω]

해설 $R = \rho \dfrac{l}{A} = \dfrac{4 \cdot \rho \cdot l}{\pi D^2} = \dfrac{4 \times \frac{1}{55} \times 1000}{\pi \times 4^2} ≒ 1.4[\Omega]$

04 어떤 도선의 길이가 l인 것을 잡아 늘려서 nl로 할 때 이 도선의 저항은 몇 배로 증가하는가?

① n배　　　　② $\sqrt{n}$배　　　　③ $\dfrac{1}{n}$배　　　　④ n^2배

해설 체적은 변하지 않으므로 길이가 n배로 되면 단면적은 $\dfrac{1}{n}$배로 줄어든다.

$$R' = \rho \frac{nl}{A/n} = n^2 \rho \frac{l}{A}$$

∴ 길이를 n배로 잡아 늘리면 저항은 n^2배로 증가한다.

정답 01 ①　02 ②　03 ②　04 ④

. . . .
NOTE

05 어떤 막대꼴 철심이 있다. 단면적이 0.5[m²], 길이가 0.8[m], 비투자율이 20이다. 이 철심의 자기저항 [AT/Wb]인가?

① 6.37×10^4 ② 4.45×10^4 ③ 3.6×10^4 ④ 9.7×10^5

해설 $R_m = \dfrac{l}{\mu A} = \dfrac{l}{\mu_0 \mu_s A} = \dfrac{0.8}{4\pi \times 10^{-7} \times 20 \times 0.5} = 6.37 \times 10^4 [\text{AT/Wb}]$

06 자기회로의 자기저항은?

① 자기회로의 단면적에 비례
② 투자율에 반비례
③ 자기회로의 길이에 반비례
④ 단면적에 반비례하고 길이의 제곱에 비례

해설 $R_m = \dfrac{l}{\mu A}$

07 철심이 든 환상 솔레노이드에서 1000[AT]의 기자력에 의해서 철심 내에 5×10^{-5} [Wb]의 자속이 통과하면 이 철심 내의 자기저항은 몇 [AT/Wb]인가?

① 5×10^2 ② 2×10^7 ③ 5×10^{-2} ④ 2×10^{-7}

해설 $R_m = \dfrac{F}{\phi} = \dfrac{NI}{\phi} = \dfrac{1000}{5 \times 10^{-5}} = 2 \times 10^7 [\text{AT/Wb}]$

08 유전율이 ϵ, 전장의 세기가 E일 때 유전체의 단위부피에 저축되는 에너지[J/m³]는 얼마인가?

① $\dfrac{E}{2\epsilon}$ ② $\dfrac{\epsilon E}{2}$ ③ $\dfrac{\epsilon E^2}{2}$ ④ $\dfrac{\epsilon^2 E}{2}$

해설 $W = \dfrac{1}{2} \epsilon E^2$

정답 **05** ① **06** ② **07** ② **08** ③

09 전계의 세기 50[V/m], 전속밀도 100[C/m²]인 유전체의 단위 체적에 축적되는 [J/m³]는?

① 2 ② 250 ③ 2500 ④ 5000

해설 $W = \frac{1}{2}ED = \frac{1}{2} \times 50 \times 100 = 2500[\text{J/m}^3]$

10 자속밀도 B, 자장의 세기 H, 투자율 μ일 때 단위 체적당 저장 에너지[J/m³] 식이 잘못된 것은?

① $\frac{1}{2}BH$ ② $\frac{1}{2}\mu H^2$ ③ $\frac{B^2}{2\mu}$ ④ $\frac{HB}{2\mu}$

해설 $W = \frac{1}{2}BH = \frac{1}{2}\mu H^2 = \frac{B^2}{2\mu}[\text{J/m}^3]$ $(\because B = \mu H)$

11 철심의 공극에서 자장의 세기가 2000[AT/m], 자속밀도가 2.5×10^{-3}[Wb/m²]이라면 공극에서의 단위 체적당 자기 에너지 [J/m³]는?

① 4.0 ② 3.5 ③ 3.0 ④ 2.5

해설 $W = \frac{1}{2}BH = \frac{1}{2} \times 2.5 \times 10^{-3} \times 2000 = 2.5[\text{J/m}^3]$

정답 09 ③ 10 ④ 11 ④

. . . .
NOTE

10
CHAPTER

전기 기초수학

▲22강

1 4칙 연산

이항하면

$+ \rightarrow -$

$- \rightarrow +$

$\times \rightarrow \div$

$\div \rightarrow \times$

ex $I = \dfrac{V}{R}[A]$

$V = I \cdot R$

$R = \dfrac{V}{I}$

2 지수함수 계산

(1) $a^n \times a^m = a^{n+m}$

(2) $a^n \div a^m = \dfrac{a^n}{a^m} = a^{n-m}$

(3) $(a^n)^m = a^{n \times m}$

ex • $10^7 \times 10^2 = 10^{7+2} = 10^9$ • $10^7 \times 10^{-2} = 10^{7-2} = 10^5$

ex • $10^7 \div 10^2 = \dfrac{10^7}{10^2} = 10^{7-2} = 10^5$ • $10^7 \div 10^{-2} = \dfrac{10^7}{10^{-2}} = 10^{7+2} = 10^9$

ex $(10^7)^2 = 10^{7 \times 2} = 10^{14}$

ex $\sqrt{2} \times \sqrt{2} = 2^{\frac{1}{2}} \times 2^{\frac{1}{2}} = 2^{\frac{1}{2}+\frac{1}{2}} = 2^1 = 2$

ex $\sqrt{3} \times \sqrt{3} = 3^{\frac{1}{2}} \times 3^{\frac{1}{2}} = 3^{\frac{1}{2}+\frac{1}{2}} = 3^1 = 3$

ex $\sqrt{4} \times \sqrt{2^2} = (2^2)^{\frac{1}{2}} = 2^{2 \times \frac{1}{2}} = 2^1 = 2$

ex $\sqrt{9} \times \sqrt{3^2} = (3^2)^{\frac{1}{2}} = 3^{2 \times \frac{1}{2}} = 3^1 = 3$

ex $\sqrt{1} = \sqrt{1^2} = 1$

문제 01

진공 중에 2 × 10-5[C] 과 1 × 10-6 [C]인 두 개의 점전하가 50[cm] 떨어져 있을 때 두 전하 사이에 작용하는 힘은 몇 [N]인가?

✓정답 $F = \dfrac{Q_1 Q_2}{4\pi\epsilon_0 r^2} = 9 \times 10^9 \times \dfrac{2 \times 10^{-5} \times 1 \times 10^{-6}}{0.5^2} = 0.72[\text{N}]$

문제 02

진공 중 놓인 1[μC]의 점전하에서 3[m] 되는 점의 전계 [V/m]는?

✓정답 $E = \dfrac{Q}{4\pi\epsilon_0 r^2} = 9 \times 10^9 \times \dfrac{10^{-6}}{3^2} = 10^3 [\text{V/m}]$

▲ 23강

3 삼각함수

(1) 특수각의 도수법 환산(호도법 × $\dfrac{180}{\pi}$ = 도수법)

$2\pi = 360°$ $\pi = 180°$

$\dfrac{\pi}{2} = 90°$ $\dfrac{\pi}{3} = 60°$

$\dfrac{\pi}{4} = 45°$ $\dfrac{\pi}{6} = 30°$

(2) 특수각의 삼각함수값

	0°	30°	45°	60°	90°
sin	$\dfrac{\sqrt{0}}{2} = 0$	$\dfrac{\sqrt{1}}{2} = \dfrac{1}{2}$	$\dfrac{\sqrt{2}}{2} = \dfrac{1}{\sqrt{2}}$	$\dfrac{\sqrt{3}}{2}$	$\dfrac{\sqrt{4}}{2} = 1$
cos	$\dfrac{\sqrt{4}}{2} = 1$	$\dfrac{\sqrt{3}}{2}$	$\dfrac{\sqrt{2}}{2} = \dfrac{1}{\sqrt{2}}$	$\dfrac{\sqrt{1}}{2} = \dfrac{1}{2}$	$\dfrac{\sqrt{0}}{2} = 0$
tan	$\dfrac{0}{3} = 0$	$\dfrac{\sqrt{3}}{3} = \dfrac{1}{\sqrt{3}}$	$\dfrac{\sqrt{3} \cdot \sqrt{3}}{3} = 1$	$\dfrac{\sqrt{3} \cdot \sqrt{3} \cdot \sqrt{3}}{3} = \sqrt{3}$	∞

4 전압, 전류, 저항 등에 쓰이는 보조단위

기호	읽는 법	배수	기호	읽는 법	배수
T	테라(tear)	10^{12}	c	센티(centi)	10^{-2}
G	기가(giga)	10^{9}	m	밀리(milli)	10^{-3}
M	메가(mega)	10^{6}	μ	마이크로(micro)	10^{-6}
k	킬로(kilo)	10^{3}	n	나노(nano)	10^{-9}
h	헥토(hecto)	10^{2}	p	피코(pico)	10^{-12}
da	데카(deca)	10	f	펨토(femto)	10^{-15}
d	데시(deci)	10^{-1}	a	아토(atto)	10^{-18}

5 그리스 문자

그리스 문자		호칭	그리스 문자		호칭
A	α	알파	N	ν	뉴
B	β	베타	Ξ	ξ	크사이
Γ	γ	감마	O	o	오미크론
Δ	δ	델타	Π	π	파이
E	ϵ	입실론	P	ρ	로
Z	ζ	제타	Σ	σ	시그마
H	η	에타	T	τ	타우
Θ	θ	쎄타	Y	υ	입실론
I	ι	요타	Φ	ϕ	파이
K	κ	카파	X	χ	카이
Λ	λ	람다	Ψ	ψ	프사이
M	μ	뮤	Ω	ω	오메가

공학용 계산기 활용법

▲ 24강

♣ 복소수 계산

(1) $Z_1 = 3 + j4$(**직각좌표계**)

$$= \sqrt{실수^2 + 허수^2} \angle \tan^{-1} \frac{허수}{실수}$$

$$= \sqrt{3^2 + 4^2} \angle \tan^{-1} \frac{4}{3}$$

$= 5 \angle 53.13°$ (극좌표)   ⇒ 곱셈(×), 나눗셈(÷)에서 주로 사용

$= 5(\cos 53.13° + j \sin 53.13°)$ (삼각함수 좌표)

$= 3 + j4$

⇒ 덧셈(+), 뺄셈(−)에서 주로 사용

(2) $Z_2 = 3 - j4$(**직각좌표계**)

$$= \sqrt{실수^2 + 허수^2} \angle \tan^{-1} \frac{허수}{실수}$$

$$= \sqrt{3^2 + 4^2} \angle \tan^{-1} \frac{-4}{3}$$

$= 5 \angle -53.13°$(극좌표)

⇒ 곱셈(×), 나눗셈(÷)에서 주로 사용

$= 5(\cos 53.13° - j\sin 53.13°)$(삼각함수 좌표)

$= 3 - j4$

⇒ 덧셈(+), 뺄셈(−)에서 주로 사용

(3) $R - L$ **직렬회로**

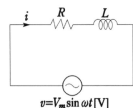

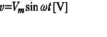

$v = V_m \sin \omega t \, [\text{V}]$

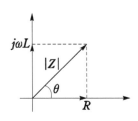

$$Z = R + j\omega L = \sqrt{R^2 + (\omega L)^2} \angle \tan^{-1} \frac{\omega L}{R}$$

01 임피던스 $Z = 15 + j4[\Omega]$의 회로에 $I = 10(2+j)[A]$를 흘리는데 필요한 전압[V]를 구하면?

① $10(26 + j23)$ ② $10(34 + j23)$ ③ $10(30 + j4)$ ④ $10(15 + j8)$

해설 $V = ZI = (15 + j4) \times 10(2 + j) = 10(26 + j23)[V]$

02 $Z_1 = 2 + j11[\Omega]$, $Z_2 = 4 - j3[\Omega]$의 직렬회로에 교류 전압 100[V]를 인가할 때 회로에 흐르는 전류 [A]는?

① 10 ② 8 ③ 6 ④ 4

해설 $I = \dfrac{V}{Z} = \dfrac{V}{Z_1 + Z_2} = \dfrac{100}{2 + j11 + 4 - j3} = 10 \angle -53.1°$

03 $Z_1 = 3 + j10[\Omega]$, $Z_2 = 3 - j2[\Omega]$의 임피던스를 직렬로 하고 양단에 100[V]의 전압을 가했을 때 각 임피던스 양단의 전압은?

① $V_1 = 98 + j36, V_2 = 2 - j36$ ② $V_1 = 98 - j36, V_2 = 2 + j36$
③ $V_1 = 98 + j36, V_2 = 2 - j36$ ④ $V_1 = 98 - j36, V_2 = 2 - j36$

해설 $I = \dfrac{Z}{Z_1 + Z_2} = \dfrac{100}{3 + j10 + 3 - j2} = 6 - j8[A]$

$\therefore V_1 = Z_1 I = (3 + j10)(6 - j8) = 98 + j36[V]$

$V_2 = Z_2 I = (3 - j2)(6 - j8) = 2 - j36[V]$

04 그림과 같은 브리지 회로가 평형하기 위한 Z의 값은?

① $2 + j4$ ② $-2 + j4$
③ $4 + j2$ ④ $4 - j2$

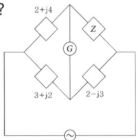

해설 $Z \times (3 + j2) = (2 + j4) \times (2 - j3)$

$Z = \dfrac{(2 + j4) \times (2 - j3)}{3 + j2} = 4 - j2$

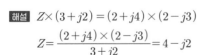

정답 01 ① 02 ① 03 ③ 04 ④

NOTE

12

CHAPTER

용어 해설

♣ 전기 회로 용어 해설

- **감극제**(depolarizer) : 분극작용을 막기 위해 쓰이는 물질
- **감쇠정수**(attenuation constant) : 선로에서 단위 길이당 감쇠의 정도를 나타내는 정수
- **검류계**(galvano-meter) : 미약한 전류를 측정하기 위한 계기
- **고유저항**(specific resistance) : 전류의 흐름을 방해하는 물질의 고유한 성질
- **고조파**(higher harmonic wave) : 기본파보다 높은 주파수, 고주파와 구별
- **고주파** : 일반적으로 무선주파수에 사용
- **과도상태**(transient state) : 회로에서 스위치를 닫은 후 정상상태에 이르는 사이의 상태
- **과도현상**(transient phenomena) : 회로에서 스위치를 닫은 후 정상상태에 이르는 사이에 나타나는 여러 가지 현상
- **교류**(alternating current) : 시간의 변화에 따라 크기와 방향이 주기적으로 변하는 전압·전류
- **국부작용**(local action) : 전지의 전극에 사용하고 있는 아연판이 불순물에 의한 전지작용으로 인해 자기 방전하는 현상
- **기전력**(electromotiveforce, emf) : 전압을 연속적으로 만들어주는 힘
- **누설전류**(leakage current) : 절연물의 양단에 전압을 가하면 절연물에는 절연저항으로 나눈 값의 전류가 흐르고 이를 누설전류라 한다.
- **다상교류**(multi phase A · C) : 3개 이상의 상을 가진 교류
- **도전율**(conductivity) : 고유저항의 역수, 단위는 [℧/m], 기호로는 δ로 나타낸다.
- **동상**(in-phase) : 동일한 주파수에서 위상차가 없는 경우를 말함
- **등가회로**(equivalent circuit) : 서로 다른 회로라도 전기적으로 같은 작용을 하는 회로
- **리액턴스**(reactance) : 교류에서 저항 이외에 전류의 흐름을 방해하는 작용을 하는 성분
- **마력**(HP)**과 와트**(W) **사이의 관계**

  $1[HP] = 746[W] \coloneqq \dfrac{3}{4}[kW]$

- **맥동률**(ripple factor) : 교류분을 포함한 직류에 있어서 직류분에 대한 교류분의 비, 리플 백분율이라고도 한다.
- **메거**(Megger) : $10^6[\Omega]$ 이상의 고저항 측정
- **무효 전력**(wattless power) : 실제로 아무런 일도 할 수 없는 전력
- **무효율**(reactive factor) : 전압과 전류의 위상차인 사인(sin) 값
- **벡터량**(vector quantity) : 크기와 방향 2개의 요소로 표시되는 양
- **복소 전력**(complex power) : 실수와 허수로 구성되는 전력
- **부하**(load) : 전구등과 같이 전원에서 전기를 공급받아 어떤 일을 하는 기계나 기구
- **분극**(성극)**작용**(polarization effect) : 전지에 부하를 걸면 양극 표면에 수소가스가 생겨 전류의 흐름을 방해하는 현상

· · · ·
NOTE

- **분포정수회로**(distributed constant circuit) : 선로정수 R, L, C, G가 균등하게 분포되어 있는 회로
- **비정현파 교류**(non-sinusoidal wave A.C) : 파형이 일그러져 정현파가 되지 않는 교류
- **비진동상태**(non-oscillatory state) : 전류가 시간에 따라 증가하다가 점차 감소하는 상태
- **사이클**(cycle) : 0에서 2π까지 1회의 변화
- **상전류**(phase current) : 다상 교류 회로에서 각상에 흐르는 전류
- **상전압**(phase voltage) : 다상 교류 회로에서 각상에 걸리는 전압
- **서셉턴스**(susceptance) : 어드미턴스의 허수부를 말한다.
- **선간전압**(line voltage) : 다상 교류 회로에서 단자간에 걸리는 전압
- **선로정수**(line constant) : 선로에 발생하는 저항, 인덕턴스, 정전용량, 누설콘덕턴스 등을 말한다.
- **선전류**(line current) : 다상 교류회로에서 단자로부터 유입 또는 유출되는 교류
- **선택도**(selectivity) : 공진곡선의 첨예도 및 공진시의 전압확대비를 나타낸다.
- **선형**(linear) **소자** : 전압과 전류 특성이 직선적으로 비례하는 소자로 R, L, C가 이에 해당 된다.
- **순시값** : 교류의 임의의 시간에 있어서 전압 또는 전류의 값
- **시정수**(time constant) : 과도상태에 대한 변화의 속도를 나타내는 척도가 되는 정수
- **실효값** : 실제적인 열 효율값, 일반적으로 지칭하는 전압이나 전류값
  (**ex** 110[V], 220[V], 3[A], 10[A])
- **어드미턴스**(admittance) : 임피던스의 역수, $Y[\mho]$로 표시한다.
- **역률**(power factor) : 전압과 전류의 위상차의 코사인(cos) 값
- **영상 임피던스**(image impedance) : 4단자망의 입·출력 단자에 임피던스를 접속하는 경우 좌우에서 본 임피던스 값이 거울의 영상과 같은 관계에 있는 임피던스
- **영상 전달정수**(image transfer constant) : 전력비의 제곱근에 자연대수를 취한 값으로 입력과 출력의 전력전달 효율을 나타내는 정수
- **왜형률**(distortion factor) : 전고조파의 실효값을 기본파의 실효값으로 나눈 값으로 파형의 일그러짐 정도를 나타낸다.
- **용량 리액턴스**(capacitive reactance) : 콘덴서의 충전작용에 의한 리액턴스
- **위상**(phase) : 주파수가 동일한 2개 이상의 교류가 동시에 존재할 때, 상호간의 시간적인 차이
- **위상정수**(phase constant) : 선로에서 단위 길이 당 위상의 변화정도를 나타내는 정수
- **위상차**(phase difference) : 2개 이상의 동일한 교류의 위상의 차
- **유도 리액턴스**(inductive reactance) : 인덕턴스의 유도 작용에 의한 리액턴스
- **유효 전력**(active power) : 전원에서 부하로 실제 소비되는 전력
- **인덕턴스**(inductance) : 코일의 권수, 형태 및 철심의 재질 등에 의해 결정되는 상수, 단위는 (henry)로 나타낸다.
- **임계상태**(critical state) : 전류가 시간에 따라 증가하다가 어느 시각에 최대값으로 되고 점차 감소하는 상태
- **임피던스 정합**(impedance matching) : 회로망의 접속점에서 좌우를 본 입력 임피던스와 출력 임피던스의 크기를 같게 하는 것

. . . .
NOTE

- **임피던스**(impedance) : 교류에서 전류가 흐를 때의 전류의 흐름을 방해하는 R, L, C의 벡터적인 합
- **자동제어**(automatic control) : 제어장치에 의해 자동적으로 행해지는 제어
- **전기량**(quantity of electricity) : 전하가 가지고 있는 전기의 량
- **전달함수**(transfer function) : 모든 초기값을 0으로 하였을 때 출력신호의 라플라스 변환과 입력 신호의 라플라스 변환의 비
- **전류의 3대 작용** : ① 발열 작용(열작용) ② 자기 작용 ③ 화학 작용
- **전류의 발열작용** : 전열기에 전류를 흘리면 열이 발생하는 현상
- **전리**(ionization) : 물에 녹아 양이온과 음이온으로 분리되는 현상, 황산구리($CuSO_4$)
- **전위**(electric potential) : 임의의 점에서의 전압의 값
- **전파정수**(propagation constant) : 선로에서 전파되는 정도를 나타내는 정수
- **절연물** : 전기가 잘 통하지 않는 것
- **절연저항** : 절연물의 저항
- **정류회로**(commutation circuit) : 교류를 직류로 변환하는 회로
- **정상상태**(steady state) : 회로에서 전류가 일정한 값에 도달한 상태
- **정전류원**(constant current source) : 부하의 크기에 관계없이 출력전류의 크기가 일정한 전원
- **정전압원**(constant voltage source) : 부하의 크기에 관계없이 단자전압의 크기가 일정한 전원
- **정전용량**(electrostatic capacity) : 콘덴서가 전하를 축적할 수 있는 능력
- **정현파 교류** = 사인파 교류(시간의 변화에 따라 크기와 방향이 주기적으로 변화하는 전압, 전류)
- **제어**(control) : 기계나 설비 등을 사용목적에 알맞도록 조절하는 것
- **주기**(period) : 1사이클의 변화에 요하는 시간
- **주파수** : 1초 동안 반복되는 사이클 수
- **직류**(direct current) : 시간의 변화에 따라 크기와 방향이 일정한 전압·전류
- **진동상태**(oscillatory state) : 전류가 시간에 따라 (+)값으로 증가하다가 어느 시각에 (−)값으로 감소하며 감쇠 진동 특성을 갖는 상태
- **최대값**(maximum value) : 교류의 순시값 중에서 가장 큰 값
- **콘덕턴스**(conductance) : 저항의 역수, 단위는 [℧], 기호로는 G로 나타낸다.
- **콘덴서**(condenser) : 2개의 도체사이에 절연물을 넣어서 정전용량을 가지게 한 소자
- **특성임피던스**(characteristic impedance) : 선로에서 전압과 전류가 일정한 비
- **파고율**(crest factor) : 최대값을 실효값으로 나눈 값으로 파두(wave front) 의 날카로운 정도
- **파장**(wave length) : 1 주기에 대한 거리 간격
- **파형** : 전압, 전류 등이 시간의 흐름에 따라 변화하는 양
- **파형율**(form factor) : 실효값을 평균값으로 나눈 값으로 파의 기울기 정도
- **평균값** : 순시값의 반주기에 대하여 평균한 값
- **폐회로**(closed circuit) : 회로망 중에서 닫혀진 회로
- **푸리에 급수**(Fourier series) : 주기적인 비정현파를 해석하기 위한 급수
- **피상 전력**(apparent power) : 전원에서 공급되는 전력

- **허용전류**(allowable current) : 전선에 안전하게 흘릴 수 있는 최대 전류
- **화학당량**(chemical equivalent) : 어떤 원소의 원자량을 원자가로 나눈 값

  (화학당량 $= \dfrac{원자량}{원자가}$)

- **회로망**(network) : 복잡한 전기회로에서 회로가 구성하는 일정한 망
- **휘트스톤 브리지**(Wheatstone bridge) : $0.5 \sim 10^5 [\Omega]$의 중저항 측정시 사용
- **ω**(각속도) : 1초 동안 회전한 각도[rad/s]
- **4단자 정수**(four terminal constants) : 4단자망의 전기적인 성질을 나타내는 정수
- **4단자망**(four terminal network) : 입력과 출력에 각각 2개의 단자를 가진 회로
- **a 접점**(arbeit contact) : 평상시 열려 있는 접점으로, 일명 make 접점이라고도 부름
- **b 접점**(break contact) : 평상시 닫혀 있는 접점

. . . .
NOTE

초보전기 Ⅰ

왕초보자를 위한 기초이론

제1판3쇄 인쇄 2024. 5. 16. | **제1판3쇄 발행** 2024. 5. 20. | **편저자** 정용걸

발행인 박 용 | **발행처** (주)박문각출판 | **등록** 2015년 4월 29일 제2015-000104호

주소 06654 서울시 서초구 효령로 283 서경 B/D 4층 | **팩스** (02)584-2927

전화 교재 문의 (02)6466-7202

정가 12,000원
ISBN 979-11-6704-209-5

MEMO

MEMO